JN121500

あなたを守る!
作業者のための安全衛生ガイド

有機溶剤
取扱い作業

　本書は，有機溶剤業務に従事する方々が、日々安全でかつ健康を損なうことなく働けるよう作成したものです。有機溶剤の危険有害性、作業を行う上での留意点、健康管理などの必要な知識を、有機溶剤中毒予防規則などの法令に即して、ポイントを絞って、わかりやすく、コンパクトにまとめています。

　また、ご参考となるようチェックリスト（例）も添付しましたので、ぜひ現場で活用してください。

中央労働災害防止協会

目次

1 有機溶剤はなぜ有害なのか

　有機溶剤は中毒を引き起こす化学物質です。有機溶剤には５００種以上ともいわれる物質がありますが、そのうち４４物質が有機溶剤中毒予防規則（以下、「有機則」という。）において規制されています。規制されていないから有害ではないということではありませんので、規制されていない有機溶剤についても、本書の記載事項に準じて自主管理することをお勧めします。

　有機溶剤中毒の危険・有害性は、有機溶剤がもつ次の性質によるものです。

① 　見た目では液体ですが、その表面から蒸気が発散しています。これを「揮発性」といい、この蒸気が作業場を汚染するのです。揮発性が高いほど作業場は汚染されることになります。

② 　体内には、主に蒸気として吸入することにより取り込まれます。

③ 　脂肪に溶けやすいので、吸入などにより体内に取り込まれると脂肪分の多い臓器にとどまりやすくなります。これを「脂溶性」といい、脂溶性の高いものほど臓器にたまりやすいといえます。また、脂肪に溶けやすいため、溶剤で手を洗ったり、衣服に大量に付着した場合などは皮膚を通して取り込まれます。

④ 　高濃度の蒸気を吸入すると、脳の中枢神経が麻酔作用を受けて頭痛、めまい、嘔吐などの症状や薬物中毒者のような状態になります。このように、吸入してすぐに症状がでるものを「急性中毒」といいます。

　　急性中毒が怖いのは、意識を失ったまま蒸気を吸い続けたり、ふらついて高所から墜落したりして死亡する危険性があることです。

⑤ 　低濃度の蒸気でも長期間繰り返して吸入していると、肝障害、腎障害、神経障害などを起こすおそれがあります。このように、吸入しても症状がでるまでに時間がかかるものを「慢性中毒」といいます。

また、発がん性が疑われているものもあります。

有機溶剤には、有機溶剤中毒のおそれだけでなく、引火性による爆発・火災の危険性もあり、取扱いには十分な注意が必要です。

（注）　有機則では、有機溶剤は単一物質として、有機溶剤等は有機溶剤とその含有物として定義しています（資料1を参照）。本書では、解説の都合上、両方を含めて「有機溶剤」と表記します。

2 有機溶剤中毒予防対策の原則

　有機溶剤は、高濃度の蒸気ばかりでなく低濃度の蒸気であっても繰り返し体内に取り込むことにより、健康障害を引き起こします。

　有機溶剤中毒の予防対策は、

① 　作業環境中の濃度を下げること

② 　作業時間を短くするなどしてばく露を減らすこと

③ 　保護具により体内への吸入を抑えること

④ 　継続的な健康管理を行うこと

の４原則にあります。

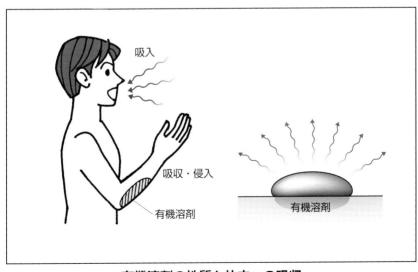

有機溶剤の性質と体内への吸収

化学物質の自律的な管理が求められています。

化学物質管理は、令和4年5月に大幅な見直しが行われ、これまでの法令順守型から自律的な管理へ転換することなりました。化学物質の種類が個別に規制できる規模ではなくなり、労働災害が後を絶たない状況が続いているためです。この改正により事業者がリスクに応じて措置を選択することが求められるようになったため、作業者も必要な知識を身に付け、対応していくことが必要です。

3 作業環境の状態を知る

　有機溶剤は、その製造工程や各種化学品の製造原料のほか、洗浄、印刷、塗装、接着の溶剤など様々な分野で取り扱われています。また、取り扱われている場所も、通風のよい屋内作業場のほか、地下室の内部など通風の不十分な屋内作業場、船舶、車両、タンク、ピットの内部など（以下、「タンク等の内部」という。資料２の注１）を参照。）様々となっています。

　作業を行うときは、屋内作業場とタンク等の内部では、作業環境の様相は大きく異なりますので、作業主任者など作業の責任者とともに作業環境の状態をよく確認しておくことが大切です。特に、タンク等の内部では通風が不十分なため、急性中毒の発生のおそれが大きいことに留意する必要があります。

　また、新たに取り扱うことになる有機溶剤については、危険有害性を表示したラベルや文書として交付されているＳＤＳ（安全データシート）により、危険有害性、取扱い上の注意事項、事故時の応急措置などを確認します。ＳＤＳは、常に最新のものを備えておきましょう。

　なお、職場で有機溶剤を小分けして利用する場合は、その容器にも名称や絵表示などを表示しましょう。

① 　屋内作業場については、有機則では有機溶剤の種類、業務ごとに、密閉設備、局所排気装置、プッシュプル型換気装置または全体換気装置のいずれかの設置が義務付けられており、各設置状況の確認が必要となります。また、有機溶剤の作業環境濃度を測定し、作業環境の良否を次のような管理区分で評価して、必要なときは改善措置をとることとされています。管理区分や改善措置がどうなっているか確認しておきましょう。

作業環境管理区分と講ずべき措置

管理区分	講ずべき措置
第1管理区分	現在の管理状態の継続的維持に努める
第2管理区分	施設、設備、作業工程または作業方法の点検を行い、その結果に基づき、作業環境を改善するために必要な措置を講ずるように努める
第3管理区分	① 施設、設備、作業工程または作業方法の点検を行い、その結果に基づき、作業環境を改善するために必要な措置を講ずる ② 作業者に有効な呼吸用保護具を使用させる ③ 産業医が必要と認めた場合には、健康診断の実施その他労働者の健康の保持を図るために必要な措置を講ずる ④ 環境改善の措置を講じた後、再度作業環境測定を行い、第1管理区分若しくは第2管理区分になったことを確認する。

② タンク等の内部では、有機溶剤などが流入するおそれのない場合、中に入る前には、マンホールなどの開口部は全て開放して換気を行います。

有機溶剤を入れたことのあるタンクについては、

○ 有機溶剤をタンクから排出し、かつ、他の配管などから流入しないようにする

○ 水または水蒸気などを用いて内部を洗浄し、洗浄後はこれらをタンクから排出する

○ タンクの容積の3倍以上の量の空気で送気・排気するか、またはタンクに水を満たした後、その水をタンクから排出する

こととされているので、タンク等の内部の状態について設備の管理者などに確認します。

中に入ってからは、十分な換気を行いながら作業します。有機溶剤が排出されたか、検知管を利用して内部の濃度を確認するとよいでしょう。特に、臨時で行う作業の場合でも、あらかじめ、こうしたことを作業手順として定めておくことが大切です。

また、有機溶剤の中には、引火・爆発する性質のものもありますから、火気などの着火源となるものは持ち込まないこと、静電気の発生にも注意する必要があります。

4 保護具で防ぐ

　作業者を有機溶剤中毒から守るための保護具には、「呼吸用保護具」と「保護衣等」があります。

○　呼吸用保護具は有機溶剤の蒸気の吸入を防ぐもので、前記3の①で作業環境が第3管理区分とされた場合に必要となります（有機則第28条の3第3項）。また、タンク等の内部の作業などで使用することが定められています（同第32条および第33条、資料2参照）。なお、労働者にも使用義務が課せられています（同第34条）。

　　呼吸用保護具の選択、使用等に当たっての留意事項は「防じんマスク、防毒マスク及び電動ファン付き呼吸用保護具の選択、使用等について」（厚生労働省令和5年基発0525第3号）を参照のこと。

○　保護衣等については、労働安全衛生規則（以下、「安衛則」という。）に次のような定めがあります。

　　有機溶剤などが皮膚に付着して起こす障害や皮膚から吸収・侵入し中毒を起こすおそれのある業務においては、塗布剤、不浸透性の保護衣、保護手袋などの適切な保護具を備え付け、労働者は使用すること（安衛則第594条および第597条）。

　ここでは、よく使用されている「有機ガス用防毒マスク」（以下、「防毒マスク」という。）、「保護衣」、「保護手袋」および「保護めがね」について、使用に際しての一般的な留意事項をまとめて紹介します。

呼吸用保護具
- 有機ガス用防毒マスク
- 有機ガス用の防毒機能を有する電動ファン付呼吸用保護具
- 送気マスク
- 空気呼吸器

有機溶剤を吸入することによる健康障害の防止

保護衣等
- 保護衣
- 保護手袋
- 保護長靴
- 保護めがね

皮膚接触による吸収の防止

保護具の種類

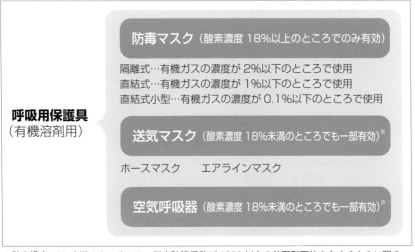

呼吸用保護具
（有機溶剤用）

防毒マスク（酸素濃度18%以上のところでのみ有効）

隔離式…有機ガスの濃度が2%以下のところで使用
直結式…有機ガスの濃度が1%以下のところで使用
直結式小型…有機ガスの濃度が0.1%以下のところで使用

送気マスク（酸素濃度18%未満のところでも一部有効）※

ホースマスク　　エアラインマスク

空気呼吸器（酸素濃度18%未満のところでも一部有効）※

※酸素濃度18%未満のところでは、指定防護係数が1000以上の前面形面体を有するものに限る。

呼吸用保護具の種類

1 防毒マスク

○ 厚生労働大臣が行う国家検定に合格したものを使用しなければなりません。

　合格したものには、下の標章が付いているので確認します。

○ 防毒マスクは酸素濃度が１８％未満のところでは使ってはいけません。また、有機ガス濃度に応じて、隔離式（２％以下で使用可）、直結式（１％以下で使用可）、直結式小型（０.１％以下で使用可）の３種類を使い分けます。

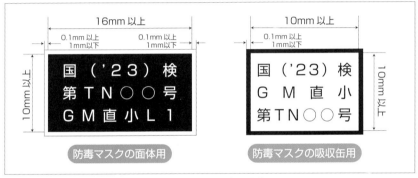

検定合格標章の例

防毒マスクの例
（直結式小型）

防毒マスクの例
（隔離式）

吸収缶の例
（直結式小型用）

○　防毒マスクには種々のものがあるので、メーカーが作成しているパンフレットや取扱説明書またはメーカーに直接連絡をとって使用条件などを確認します。また、吸収缶にある吸収剤は一定時間を超えると除毒能力が失われる「破過時間」というものがありますので、破過時間を超えて使用することのないよう併せて確認しておきます。

○　防じんマスクの使用が義務付けられている業務であって防毒マスクの使用が必要な場合は、防じん機能を有する防毒マスクを使用します。

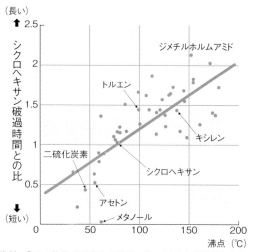

（資料：『正しく着用 労働衛生保護具の使い方』中央労働災害防止協会）

溶剤の種類による破過時間の違い

フィットチェッカーを用いたシールチェック

吸気口にフィットチェッカーを取り付けて、息を吸うとき瞬間的に吸うのではなく、2〜3秒の時間をかけてゆっくりと息を吸い、苦しくなれば、空気の漏れ込みがないことを示す。

手を用いたシールチェック

吸気口を手でふさぐときは、押しつけて面体が押されないように、反対の手で面体を押さえながら息を吸い、苦しくなれば空気の漏れ込みがないことを示す。

陰圧法による密着性の確認（シールチェック）

○　密着性のよいマスクを選びます。顔面との密着が悪いと、有機溶剤の蒸気が面体との隙間から侵入し吸入してしまうことになります。良いマスクを選ぶのには、上図の陰圧法によるシールチェックを行います。保護具着用管理責任者など、詳しい人に教えてもらうとよいでしょう。

○　密着性が悪い場合は、サイズの異なったマスクの利用や、別の種類の防毒マスクを利用します。

○　マスクを使用するときは、その都度、吸気弁や排気弁などの点検を行い、破損、き裂または著しい変形の有無などを確認します。また、使用中に異臭を感じたときは、定められた交換基準にしたがって吸収缶を交換します。

○　次のような着用は、蒸気が面体内へ漏れ込むおそれがあるため、してはなりません。

　×タオルなどを当てた上から着用すること

　×面体の接顔部に接顔メリヤスなどを着用すること

　×ひげ、もみあげ、前髪などが面体の接顔部と顔面の間に入った状態で着用すること

2 保護衣等

　保護衣等は、有機溶剤などが皮膚に付着して起こす障害や皮膚から吸収・侵入し中毒を起こすことを防ぐためのものですので、液体や蒸気が透過または浸透しにくい材質のものを選ぶことが大切です。主要なものは日本産業規格（ＪＩＳ規格）が定められているので、保護具メーカーに確認するなどして規格の適合品を選定して使用します。

① 　保護衣は、ＪＩＳ規格の「Ｔ８１１５　化学防護服」の適合品の中から、有機溶剤の種類、使用条件などに適合したものを保護具メーカーから情報を得て選定して使用します。また、使用前には、傷、破れ、引裂きなどの有無について外観チェックを行います。

　　一般に、化学防護服は体温の放熱がしにくく、夏季の高温多湿の環境下では内部がむれて、長時間の使用の際には熱中症に注意する必要があります。

化学防護服の例

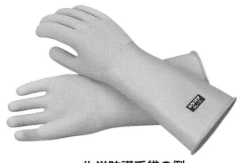

化学防護手袋の例

② 保護手袋は、ＪＩＳ規格の「Ｔ８１１６ 化学防護手袋」の適合
品の中から、有機溶剤の種類、使用条件などに適合したものを保護
具メーカーから情報を得て選定して使用します。使用後は水洗いし
て陰干ししてください。

③ 保護めがねは、ＪＩＳ規格の「Ｔ８１４７ 保護めがね」の適合
品の中から選びます。保護めがねは、有機溶剤の飛沫や蒸気が眼や
顔に飛散して付着することを防止するものです。蒸気に触れないた
めには、ゴグル形のものが望ましく、作業によっては、スペクタク
ル形 (めがねの脇からの侵入を防ぐサイドシールド付き)、顔面保
護具 (防災面) も使用可能です。いずれにしても、作業者の顔面に
合うものを選びます。

保護めがねの例
（ゴグル形）

保護めがねの例
（スペクタクル形）

作業を始める前の点検は、有機溶剤から身を守るために、換気装置などが正常に機能しているか、作業場所に異臭などの異常はないかなどを点検して確認します。保護具についても、傷、変形、損傷などの異常はないか、また、適切に着用しているかなどを点検して確認します。

　点検の結果、何か異常や不具合があれば作業主任者などの作業の責任者に連絡して、作業に入る前に正常な状態にしておくことが大切です。

○　屋内作業場での作業では、特に、以下のことを点検して確認します。
　・密閉設備に漏れはないか、全体換気装置や局所排気装置は適切に稼働（機能）しているかを確認します。局所排気装置の稼働の確認には、スモークテスターを使って点検するとよいでしょう。排気の気流の方向やおおよその流速を知ることができます。

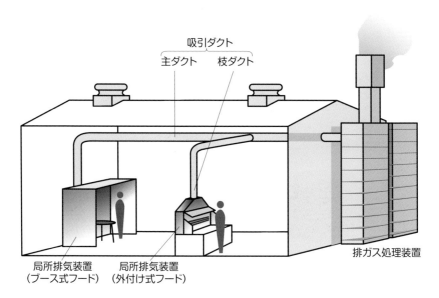

屋内作業場

スモークテスターで気流の方向・流速のチェック

・床などに有機溶剤がこぼれていないか、有機溶剤で汚れたウエスな
どが放置されていないか、を確認します。

○ タンク等の内部での作業では、特に、以下のことを点検して確認し
ます。

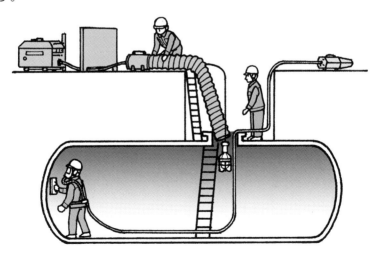

タンク等の内部の作業

- マンホールなどの開口部が全て開放され換気が十分されているか
- 底部などに有機溶剤その他の危険有害物やその蒸気が残っていないか
- 引火性の有機溶剤を取り扱うこととなる場合、使用する電気器具などは防爆構造のものであるか。作業服や安全靴などは静電気の帯電しにくいものとなっているか
- タンク等の内部を換気する装置の換気能力は十分か
- 事故時に必要な退避のための設備、器具などが用意されているか

　女性労働基準規則の規定により、次の有機溶剤を入れたことのあるタンク等には、たとえ保護具を使用しても、女性を従事させることはできません。

- エチレングリコールモノエチルエーテル（別名　セロソルブ）
- エチレングリコールモノエチルエーテルアセテート
  （別名　セロソルブアセテート）
- エチレングリコールモノメチルエーテル
  （別名　メチルセロソルブ）
- キシレン
- N,N―ジメチルホルムアミド
- スチレン
- テトラクロロエチレン（別名　パークロルエチレン）
- トリクロロエチレン
- トルエン
- 二硫化炭素
- メタノール
- エチルベンゼン

 6 作業中の留意事項

作業中に留意すべきこと、何か異常があった場合に措置すべきことは、次のとおりです。なお、作業中は、作業主任者など作業の責任者といつでも連絡をとれる体制をとっておきましょう。

○　屋内作業場での作業では、

・有機溶剤取扱い設備の開口部のふたを閉めて蒸気を発散させないようにします。あるいは、局所排気装置を稼働させます。

・できるだけ有機溶剤の発散源から離れた位置で作業するとともに、適切な休憩時間をとるなど作業時間を極力短縮して、有機溶剤の蒸気の吸入をできるだけ抑えるよう努めます。

・作業場所が有機溶剤で著しく汚染した場合、局所排気装置が停止したり、異音、異臭が発生した場合、頭痛、めまいなどを感じた場合

などは、いったん作業を中止し、直ちに作業主任者などに連絡して、対応措置を相談します。

・作業者が有機溶剤により著しく汚染されたときは、直ちに衣類を脱いで身体を洗浄し、汚染を除去します。

○　タンク等の内部での作業では、

・特に狭い場所での作業の場合は、手持ちの工具や器具などと、ダクトを含めた換気装置、呼吸用保護具が接触して損傷などを与えないよう注意して作業します。

・作業者が有機溶剤により著しく汚染されたときは、直ちに衣類を脱いで身体を洗浄し、汚染を除去します。

・換気装置の機能が故障などにより低下または失われたとき、タンク等の内部が有機溶剤で汚染されたときは、作業主任者などに連絡して、作業を中止し、直ちに退避します。また、汚染が除去されるまでは汚染場所に立ち入ってはいけません。

7 終業するときの点検

　終業時には、当日の作業で有機溶剤により汚染された場所、用具など
を、元の清浄な状態に戻して翌日の作業に備えます。

○　有機溶剤で汚染された場所はウエスなどで拭き取り清掃します。

○　有機溶剤のしみ込んだウエスなどは、ふたのできる容器に入れて決
　められた場所に置きます。

○　有機溶剤の入っている容器はきちんとふたをします。

○　呼吸用保護具、保護衣などは、取扱説明書などに従って、決められ
　た場所に保管または廃棄します。

○　タンク等の内部の作業者は、身体を洗浄し、汚染を除去します。

　有機溶剤の入った容器を廃棄するときは、内容物を完全に除去して
から廃棄します。試薬ビンを廃棄する際に、栓とビンを分別して廃
棄することがありますが、内容物が残ったまま室内で分別廃棄しな
いようにします。

　ここまで述べてきたことを理解していただき、「守らなければならないことは守り」、「してはならないことはしない」ということを行動で実践すれば、有機溶剤中毒のおそれはまずないといえます。しかし、有機溶剤は低濃度でも繰り返し長期間吸入していると、肝障害、腎障害、神経障害などの慢性中毒を起こすおそれがあるとされていますので、健康管理には万全を期す必要があります。慢性中毒になると、「疲れやすい」、「だるい」、「頭が痛い」、「めまい」といった症状がでます。このような症状を覚えて、おかしいなと思ったら、産業医などに相談するとよいでしょう。

　また、有機溶剤業務の従事者には、有機溶剤業務に就くときと、6カ月以内ごとに1回の特殊健康診断が義務付けられていますので、必ず受診しなければなりません。

9 特別有機溶剤等に関する規制

平成 26 年の規則改正により、それまで有機則で規制されていたクロロホルム、四塩化炭素、1,4-ジオキサン、1,2-ジクロロエタン（別名二塩化エチレン）、ジクロロメタン（別名二塩化メチレン）、スチレン、1,1,2,2-テトラクロロエタン、テトラクロロエチレン（別名パークロルエチレン）、トリクロロエチレンおよびメチルイソブチルケトンの 10 物質が、「特定化学物質」とされ、特定化学物質障害予防規則（特化則）で規制されることとなりました。これら 10 物質に、エチルベンゼンおよび 1,2-ジクロロプロパンを加えた合計 12 物質が、特化則により「特別有機溶剤」（特化物，第 2 類・特別管理物質）と位置づけられています。

また、特別有機溶剤を単一成分として、重量の 1％を超えて含有するもの、特別有機溶剤と労働安全衛生法施行令別表第 6 の 2 の有機溶剤の合計含有量（これらのものが 2 種類以上含まれる場合は、それらの含有量の合計）が 5％を超えるものは「特別有機溶剤等」とされています。

これらの物質は、通常、溶剤として使用されているものですが、職業がんの原因となる可能性があると指摘されたことから、特化則の規定が適用（有機則を一部準用）されます。

特別有機溶剤等に関する規制の対象には、大きく次の 3 つがあります。
〇クロロホルム等有機溶剤業務
　　冒頭に掲げたクロロホルムなどの 10 物質（これらを一定量含む製剤その他のものを含む）を用いて屋内作業場等で行う所定の業務
〇エチルベンゼン塗装業務
　　エチルベンゼン（これを一定量含む製剤その他のものを含む）を用いて屋内作業場等で行う塗装業務

○ 1,2- ジクロロプロパン洗浄・払拭業務

　　1,2- ジクロロプロパン（これを一定量含む製剤その他のもの
　を含む）を用いて屋内作業場等で行う洗浄・払拭業務

　特化則では、これらの特別有機溶剤がしみ込んだぼろなどはふた付きの容器に捨てることや、作業場の関係者以外立入禁止、作業場での飲食・喫煙の禁止が定められるなど、より厳しい措置が求められます。また健康診断についても、特定化学物質健康診断も受診しなければならない場合があります。

　適用される規制は、特別有機溶剤の種類や含有率によっても異なるので，管理監督者の指示を遵守して、ばく露防止に努めることが重要です。また、これらを使用する職場には、使用する特別有機溶剤の危険性やばく露防止について記された SDS（安全データシート）が備え付けられることになっているので、必ず目を通しておきましょう。

資　料

（資料１）有機溶剤等の区分

　有機溶剤とは単一物質であるもの、有機溶剤等とは有機溶剤とその有機溶剤含有物のことをいう。また、有機溶剤等は次のように区分されている。
○　第１種有機溶剤等とは、単一物質である有機溶剤のうち有害性の程度、揮発性ともに比較的高いものおよびその含有物としている。すなわち時間的に早く作業環境を汚染するもので、「赤」で表示される。

有機溶剤等の区分

	第1種 有機溶剤等	第2種有機溶剤等		第3種 有機溶剤等
有機溶剤	1　1,2 - ジクロルエチレン 2　二硫化炭素 　　　　　（2種）	1　アセトン 2　イソブチルアルコール 3　イソプロピルアルコール 4　イソペンチルアルコール 5　エチルエーテル 6　エチレングリコールモノエチルエーテル 7　エチレングリコールモノエチルエーテルアセテート 8　エチレングリコールモノ-ノルマル-ブチルエーテル 9　エチレングリコールモノメチルエーテル 10　オルト - ジクロルベンゼン 11　キシレン 12　クレゾール 13　クロルベンゼン 14　酢酸イソブチル 15　酢酸イソプロピル 16　酢酸イソペンチル	17　酢酸エチル 18　酢酸ノルマル-ブチル 19　酢酸ノルマル-プロピル 20　酢酸ノルマル-ペンチル 21　酢酸メチル 22　シクロヘキサノール 23　シクロヘキサノン 24　N,N - ジメチルホルムアミド 25　テトラヒドロフラン 26　1,1,1 - トリクロルエタン 27　トルエン 28　ノルマルヘキサン 29　1 - ブタノール 30　2 - ブタノール 31　メタノール 32　メチルエチルケトン 33　メチルシクロヘキサノール 34　メチルシクロヘキサノン 35　メチル-ノルマル-ブチルケトン 　　　　　（35種）	1　ガソリン 2　コールタールナフサ 3　石油エーテル 4　石油ナフサ 5　石油ベンジン 6　テレビン油 7　ミネラルスピリット 　　　　　（7種）
有機溶剤含有物	①上欄に掲げる物のみから成る混合物 ②上欄に掲げる物と当該物以外の物との混合物で、上欄に掲げる物を当該混合物の重量の5％を超えて含有する物	①上欄に掲げる物のみから成る混合物 ②上欄に掲げる物と当該物以外の物との混合物で、上欄に掲げる物または上左欄に掲げる物（第1種有機溶剤等）を当該混合物の重量の5％を超えて含有する物（左欄②に掲げる物を除く）		（第1種有機溶剤等および第2種有機溶剤等以外の物）

○　第2種有機溶剤等とは、単一物質である有機溶剤が第 1 種有機溶剤等に区分されないもので、「黄」で表示される。

○　第3種有機溶剤等とは、多くの炭化水素が混合状態となっている石油系溶剤および植物系溶剤であって沸点がおおむね 200℃以下のもので、「青」で表示される。

　なお、表示する際には、色分けとそれ以外の方法（見やすい文字で記載する等）を併用して表示することが必要である。

（資料２）呼吸用保護具の使用が必要な業務

（有機則第３２条および第３３条）

○　送気マスクの使用が必要な業務

・有機溶剤を入れたことのあるタンク（有機溶剤の蒸気の発散するおそれがないものを除く。）の内部における業務
・短時間のタンク等の内部[1]における業務で、密閉設備（有機溶剤の蒸気の発散源を密閉する設備）、局所排気装置、プッシュプル型換気装置および全体換気装置を設けないで行うとき

○　送気マスク、有機ガス用防毒マスクの使用が必要な業務

・タンク等の内部における第３種有機溶剤に係る業務で、密閉設備、局所排気装置およびプッシュプル型換気装置を設けないで全体換気装置を設けて行うとき
・臨時に行うタンク等の内部における業務で、密閉設備、局所排気装置およびプッシュプル型換気装置を設けないで全体換気装置を設けて行うとき
・タンク等以外の屋内作業場等[2]において短時間で行う吹付けによる業務で、密閉設備、局所排気装置およびプッシュプル型換気装置を設けないで全体換気装置を設けて行うとき
・屋内作業場等の壁、床または天井で行う業務で、密閉設備、局所排気装置およびプッシュプル型換気装置の設置が困難なため全体換気装置を設けて行うとき
・隔離された屋内作業場の中に、反応槽その他の有機溶剤業務を行う設備が常置されていて、業務のため当該屋内作業場に労働者が常時立ち入る必要のない場合で、密閉設備、局所排気装置およびプッシュプル型換気装置の設置が困難なため全体換気装置を設けて行うとき
・プッシュプル型換気装置を設けた屋内作業場等で、当該装置のブース内の気流を乱すおそれのある形状を有する物について行う業務

・屋内作業場等において密閉設備を開く業務

注1）「タンク等の内部」とは、地下室の内部その他通風が不十分な屋内作業場、船倉の内部その他通風が不十分な船舶の内部、保冷貨車の内部その他通風が不十分な車両の内部またはタンクの内部、ピットの内部、坑の内部など有機則第1条第2項第3号から第11号の場所をいう。
注2）「屋内作業場等」とは、屋内作業場または船舶の内部、車両の内部、タンクの内部など有機則第1条第2項各号の場所をいう。

（参考）安全衛生のチェックリスト（例）

　このチェックリストは、有機溶剤中毒の予防のために必要なチェックポイントのうち特に重要な項目について、容易にチェックできるよう表にしてまとめたものです。一般的事項は作業を行う前提として必要な事項です。作業時は屋内作業場とタンク等の内部の作業に分けて、それぞれ作業前、作業中および作業終了時の一連の作業の流れに沿ってチェック項目をまとめています。

1. 一般的事項

チェック項目	適	否
① 作業主任者は選任されているか		
② 作業手順は定められているか		
③ 有機溶剤に関する安全衛生教育を受けているか		
④ ラベル、SDSなどで危険有害情報を得ているか		
⑤ 換気装置の稼働状況は ・いつも正常に稼働		
・時々トラブル		
・よくトラブル		
⑥ 作業環境測定結果の良否（管理区分）を知っているか ・第1管理区分		
・第2管理区分		
・第3管理区分		
⑦ 防毒マスクの正しい着用方法を知っているか		
⑧ 事故時の応急措置を知っているか		
⑨ 事故時の退避方法などの避難訓練を受けているか		
⑩ 有機溶剤等健康診断を受診しているか		

2．作業時

（1） 屋内作業場

チェック項目	適	否
❶ 密閉設備に漏れはないか、換気装置は正常に稼働しているか		
❷ 局所排気装置の気流の方向や流速はよいか （スモークテスターによる簡易な方法の確認でよい。）		
❸ 防毒マスクを使用するときは ・傷、変形、損傷などの異常はないか		
・正しく着用しているか		
❹ 有機溶剤で床などが汚れたり、 汚れたウエスなどで作業場所が汚染されていないか		
❺ 作業中は、できるだけ有機溶剤の発散源から離れて作業するなど 蒸気の吸入を抑えることに心掛けているか		
❻ 作業終了後は、 ・有機溶剤で汚染された場所はウエスなどで拭き取り 清掃しているか		
・有機溶剤のしみ込んだウエスなどは、ふたのできる容器に入れて 決められた場所に置いているか		
・有機溶剤の入っている容器はきちんとふたをしているか		
・防毒マスクなどは、決められた場所に、取扱説明書などに従って 保管または廃棄しているか		

（2）タンク等の内部

チェック項目	適	否
① マンホールなどの開口部（危険有害物の流入のおそれがない）は全て開放されているか		
② タンク等の底部などに危険有害物が残っていないか		
③ タンク等の内部を換気する装置の換気能力は十分か		
④ 防毒マスクは、 ・傷、変形、損傷などの異常はないか		
・正しく着用しているか		
⑤ 引火性の有機溶剤を取り扱う場合には、 ・着火源となるものを持ち込んでいないか		
・使用する電気器具などは防爆構造のものか		
・作業服などは静電気の帯電しにくいものか		
⑥ 異常時に、直ちに作業主任者や設備管理者と連絡がとれる体制となっているか		
⑦ 作業中に有機溶剤に著しく汚染されたとき、直ちに身体を洗浄し汚染の除去をできるようになっているか		
⑧ 事故時に必要な退避のための設備、器具などが用意されているか		
⑨ 作業終了後は、 ・有機溶剤のしみ込んだウエスなどは、ふたのできる容器に入れて決められた場所に置いているか		
・身体の汚染を洗浄により除去しているか		
・防毒マスクなどは、決められた場所に、取扱説明書などに従って保管または廃棄しているか		

写真協力（50 音順）

興研㈱（p11）
㈱重松製作所（p11、p15）
スリーエム ヘルスケア㈱（p12、p14）
ミドリ安全㈱（p15）
山本光学㈱（p15）

あなたを守る！
作業者のための安全衛生ガイド

有機溶剤取扱い作業

平成 24 年 9 月 10 日　第 1 版第 1 刷発行
平成 27 年 7 月 27 日　第 2 版第 1 刷発行
令和 6 年 1 月 18 日　第 3 版第 1 刷発行

編　者　　中央労働災害防止協会
発行者　　平山 剛
発行所　　中央労働災害防止協会
　　　　　〒 108-0023
　　　　　東京都港区芝浦 3-17-12
　　　　　　　　　　　吾妻ビル 9 階
電　話　　販売　03（3452）6401
　　　　　編集　03（3452）6209

デザイン・イラスト　㈱ジェイアイプラス
印刷・製本　　　　　㈱丸井工文社

落丁・乱丁本はお取り替えいたします。　　©JISHA 2024
ISBN978-4-8059-2147-0　C3043
中災防ホームページ　https://www.jisha.or.jp/

● 執 筆 者 紹 介 ●

堀江 正知 （ほりえ せいち）

昭和61年、産業医科大学医学部卒業。カリフォルニア大学公衆衛生学修士。博士
(医学)、日本産業衛生学会指導医。日本鋼管㈱京浜製鉄所（現、JFEスチール㈱
東日本製鉄所京浜地区）産業医を経て平成15年から産業医科大学産業保健管理
学研究室教授、平成22年から産業生態科学研究所所長（平成28年まで）。平成
28年からストレス関連疾患予防センター長。

働く人の熱中症予防
～暑さから身を守ろう～

平成 23 年 4 月 25 日　第 1 版第 1 刷発行
令和 2 年 1 月 31 日　第 2 版第 1 刷発行
令和 5 年 2 月 20 日　　　　第 4 刷発行

発行者　　平山 剛
発行所　　中央労働災害防止協会
　　　　　〒108-0023　東京都港区芝浦 3-17-12
　　　　　　　　　　　　　　　　吾妻ビル 9 階
電　話　　販売　03-3452-6401
　　　　　編集　03-3452-6209
印　刷　　竹田印刷(株)

イラスト・ミヤチ ヒデタカ ／ デザイン・納富 恵子

21548-0204　定価 110 円（本体 100 円＋税 10 %）
ISBN978-4-8059-1918-7　C3060　￥100E
©JISHA 2020
中災防ホームページ　https://www.jisha.or.jp

災害発生時の状況

　熱中症の労働災害は、梅雨明けや連休明けなどで急に蒸し暑くなった日に発生することが多く、高温環境下での作業初日にも多く発生します。暑さに慣れていなかったことがその原因です。死亡災害は、体温上昇がピークとなる午後2時から5時に多く、建設業、警備業、農林業など屋外で身体を使う作業や、通気性の悪い服装での作業でよく起こります。

JN121498

　気温が高くなくても湿度が高いと、汗が蒸発しにくくなります。熱中症が生じやすい環境の評価には、気温、湿度、風速、ふく射熱（放射熱）が関係しますので、これら4つの要素を総合したWBGT（暑さ指数）を測って対策を取りましょう。
　WBGTの値が28℃以上では激しい身体活動を避け、31℃以上では身体活動を中止することが望ましいとされています。なお、WBGTの値は気温より低くなることが多いものです。

WBGTの値が28℃以上は
厳重警戒!!

　WBGT値の予報や速報は、環境省熱中症予防情報サイト（https://www.wbgt.env.go.jp）を参照。

3

汗で失われた水分や塩分を補給しよう

汗は血液中の水分と塩分から作られるため、汗による脱水・塩分不足を予防するため、20分ごとに150mLずつなど、のどが渇いていなくても作業前から定期的に、塩分濃度0.1%～0.2%（ナトリウム40～80mg／100mL（食塩相当量として0.1～0.2g））のスポーツ飲料等を摂取しましょう。

また、作業前に体温を下げる（プレクーリング）には、アイススラリー（体の芯を冷やすシャーベット状の氷飲料）を飲むことも有効です。

水　塩

塩分0.1%～0.2%の食塩水

ナトリウム40～80mg/100mLを含んだスポーツ飲料

作業開始前から約20分ごと、150mLずつ

なお、身体を使う作業では塩分の吸収を促すため若干の糖分を含むスポーツ飲料を摂取すると持久力が向上します。

塩分の補給には、ごま塩、塩飴、みそ、梅干し、味付け昆布なども利用できます。

cool

みそ

ごま塩

塩飴

Q 高血圧ですが、塩分をとってもよいのですか？

高血圧の方でも、汗で失われる量に相当する塩分の補給は必要です。ただし、それ以上に塩分を摂取しないように、注意が必要ですが、個人差が大きく、ふだん服用している薬によっても違いますので、医師に相談し、血圧を毎日測定しましょう。

服装、生活面の工夫

　服装は通気性がよく湿気を逃がしやすい吸汗・速乾素材のものを、襟元を開いて着用しましょう。電動ファンの付いた作業服や保護帽、ホースから冷水や冷風を供給する保冷服、保冷剤、日除け、ミストファンなどを活用しましょう。

　飲みすぎと食事抜きは、熱中症にかかる大きな要因となります。暑くなりそうな日の前日は、夜更かしせず、十分な睡眠と食事をとりましょう。また、普段から、早起きして朝食をとり、涼しい時間に運動を行い、運動不足を解消するようにしましょう。

きちんとした食事　　　　十分な睡眠

Q 暑さへの強さに
個人差はありますか？

　暑さに弱い人はいます。まず、暑さに慣れていない人です。また、高齢者、肥満者、糖尿病や循環器疾患等で治療がうまくいっていない人、あまり汗をかかない涼しい環境で育った人なども挙げられます。

作業場の改善

　屋内に発熱源があれば、ふく射熱を遮断するパネルを設置したうえで作業位置を工夫し、上昇した熱気は上から排出したり、風通しをよくしましょう。

　屋外では、直射日光によるふく射熱を避ける対策が重要です。直射日光を遮る屋根を設け、路面や屋根には散水しましょう。また、大型ファンなどで風を送りましょう。

こまめに休憩

　休憩時間は、暑さや身体活動強度に応じて少なくとも1時間ごとにとります。暑熱環境での作業に従事する初日から7日ほどは多めにとりましょう。涼しい日が続き、再び暑くなる時期や連休明けも頻度を増やしましょう。

　休憩場所は、冷房や除湿機を導入し、スポーツ飲料、長いす、体温計などを用意しましょう。休憩場所では作業着や靴下を脱ぎ、体表面に水をかけたり、頭から水を浴びたりできれば一層効果的です。

> **Q** エアコンの温度はどのように調節したらよいですか？
>
> 　設定温度をうのみにせず室温を測りましょう。暑いところで作業をしている人が休憩する部屋では設定温度は24℃程度に設定するのがよいでしょう。それ以下の冷風に肌が直接触れると、皮膚表面の血管が収縮して熱が放散できなくなることがあるので要注意です。

熱中症が発生したら～現場での救急措置

　熱中症が疑われる症状が出たら、まず涼しい場所で、衣類をゆるめて安静にさせ、スポーツ飲料等で水分を与えます。

　水分を自力で摂取できない、呼びかけに応じない、意識がない場合は、ただちに救急隊を要請し医療機関に搬送します。

①すぐに涼しいところに避難させる。

④氷やアイスパックで、首、脇の下、ももの付け根など、太い血管の上を冷やす。身体を冷水に浸したり、水をかけて風を送るなど、あらゆる方法で体を冷やす。

②衣類をゆるめ、靴を脱がせて、うちわであおぐ。

⑤足を高めに上げて寝かせ、手足の先から中心部に向けてマッサージする。

③スポーツ飲料や経口補水液などをとらせる。

⑥自力で水分を摂取できない場合、医療機関へ搬送する。
※受診の際には必ず経過がわかる者が同行し、仕事内容や発症の経過についてよく説明してください。

7